# Weekly Schedule

| Time / Period | Monday | Tuesday | Wednesday | Thursday | Friday | Saturday | Sunday |
|---|---|---|---|---|---|---|---|
| | | | | | | | |
| | | | | | | | |
| | | | | | | | |
| | | | | | | | |
| | | | | | | | |
| | | | | | | | |
| | | | | | | | |
| | | | | | | | |
| | | | | | | | |



# Emergency Contacts

Name: Relation: Cell Phone: Phone: Email:

Address: City: State: Zip Code:

Name: Relation: Cell Phone: Phone: Email:

Address: City: State: Zip Code:

Name: Relation: Cell Phone: Phone: Email:

Address: City: State: Zip Code:

# Academic Calendar

Year:

| | | | | | | | | | | | | | | | |
|---|---|---|---|---|---|---|---|---|---|---|---|---|---|---|---|
| | Days | | | | | | | | | | | | | | |
| SPRING SEMESTER 2 | JANUARY | | | | | | | | | | | | | | |
| | | 1 | 2 | 3 | 4 | 5 | 6 | 7 | 8 | 9 | 10 | 11 | 12 | 13 | 14 |
| | | 15 | 16 | 17 | 18 | 19 | 20 | 21 | 22 | 23 | 24 | 25 | 26 | 27 | 28 |
| | | 29 | 30 | 31 | | | | | | | | | | | |
| | FEBRUARY | | | | 1 | 2 | 3 | 4 | 5 | 6 | 7 | 8 | 9 | 10 | 11 |
| | | 12 | 13 | 14 | 15 | 16 | 17 | 18 | 19 | 20 | 21 | 22 | 23 | 24 | 25 |
| | | 26 | 27 | 28 | 29 | | | | | | | | | | |
| | Days | Change day if it is a leap year (2024, 2028, 2032, 2036, 2040, 2044, 2048, 2052, 2056, 2060. . .) | | | | | | | | | | | | | |
| | | | | | | | | | | | | | | | |
| | MARCH | | | | 1 | 2 | 3 | 4 | 5 | 6 | 7 | 8 | 9 | 10 | 11 |
| | | 12 | 13 | 14 | 15 | 16 | 17 | 18 | 19 | 20 | 21 | 22 | 23 | 24 | 25 |
| | | 26 | 27 | 28 | 29 | 30 | 31 | | | | | | | | |
| | APRIL | | | | | | | 1 | 2 | 3 | 4 | 5 | 6 | 7 | 8 |
| | | 9 | 10 | 11 | 12 | 13 | 14 | 15 | 16 | 17 | 18 | 19 | 20 | 21 | 22 |
| | | 23 | 24 | 25 | 26 | 27 | 28 | 29 | 30 | | | | | | |
| SUMMER SEMESTER 3 | MAY | | 1 | 2 | 3 | 4 | 5 | 6 | 7 | 8 | 9 | 10 | 11 | 12 | 13 |
| | | 14 | 15 | 16 | 17 | 18 | 19 | 20 | 21 | 22 | 23 | 24 | 23 | 24 | 27 |
| | | 28 | 29 | 30 | 31 | | | | | | | | | | |
| | JUNE | | | | | 1 | 2 | 3 | 4 | 5 | 6 | 7 | 8 | 9 | 10 |
| | | 11 | 12 | 13 | 14 | 15 | 16 | 17 | 18 | 19 | 20 | 21 | 22 | 23 | 24 |
| | | 25 | 26 | 27 | 28 | 29 | 30 | | | | | | | | |
| | JULY | | | | | | | 1 | 2 | 3 | 4 | 5 | 6 | 7 | 8 |
| | | 9 | 10 | 11 | 12 | 13 | 14 | 15 | 16 | 17 | 18 | 19 | 20 | 21 | 22 |
| | | 23 | 24 | 25 | 26 | 27 | 28 | 29 | 30 | 31 | | | | | |
| FALL SEMESTER 1 | AUGUST | | | 1 | 2 | 3 | 4 | 5 | 6 | 7 | 8 | 9 | 10 | 11 | 12 |
| | | 13 | 14 | 15 | 16 | 17 | 18 | 19 | 20 | 21 | 22 | 23 | 24 | 25 | 26 |
| | | 27 | 28 | 29 | 30 | 31 | | | | | | | | | |
| | SEPTEMBER | | | | | | 1 | 2 | 3 | 4 | 5 | 6 | 7 | 8 | 9 |
| | | 10 | 11 | 12 | 13 | 14 | 15 | 16 | 17 | 18 | 19 | 20 | 21 | 22 | 23 |
| | | 24 | 25 | 26 | 27 | 28 | 29 | 30 | | | | | | | |
| | OCTOBER | | | | | | | | 1 | 2 | 3 | 4 | 5 | 6 | 7 |
| | | 8 | 9 | 10 | 11 | 12 | 13 | 14 | 15 | 16 | 17 | 18 | 19 | 20 | 21 |
| | | 22 | 23 | 24 | 25 | 26 | 27 | 28 | 29 | 30 | 31 | | | | |
| | NOVEMBER | | | | 1 | 2 | 3 | 4 | 5 | 6 | 7 | 8 | 9 | 10 | 11 |
| | | 12 | 13 | 14 | 15 | 16 | 17 | 18 | 19 | 20 | 21 | 22 | 23 | 24 | 25 |
| | | 26 | 27 | 28 | 29 | 30 | | | | | | | | | |
| | DECEMBER | | | | | | 1 | 2 | 3 | 4 | 5 | 6 | 7 | 8 | 9 |
| | | 10 | 11 | 12 | 13 | 14 | 15 | 16 | 17 | 18 | 19 | 20 | 21 | 22 | 23 |
| | | 24 | 25 | 26 | 27 | 28 | 29 | 30 | 31 | | | | | | |

Date: / /

Date: / /

Date: / /

Date: / /

Date: / /

Date: / /

Date: / /

Date: / /

Date: / /

Date: / /

Date: / /

Date: / /

Date: / /

Date: / /

Date: / /

Date: / /

Date: / /

Date: / /

Date: / /

Date: / /

Date: / /

Date: / /

Date: / /

Date: / /

Date: / /

Date: / /

Date: / /

Date: / /

Date: / /

Date: / /

Date: / /

Date: / /

Date: / /

Date: / /

Date: / /

Date: / /

Date: / /

Date: / /

Date: / /

Date: / /

Date: / /

Date: / /

Date: / /

Date: / /

Date: / /

Date: / /

Date: / /

Date: / /

Date: / /

Date: / /

Date: / /

Date: / /

Date: / /

Date: / / 

Date: / /

Date: / /

Date: / /

Date: / /

# Notables (Fillable)

Ref: Page #: Line #:

Ref: Page #: Line #:

Ref: Page #: Line #:

Ref: Page #: Line #:

# Notables (Fillable)

Ref: Page #: Line #:

Ref: Page #: Line #:

Ref: Page #: Line #:

Ref: Page #: Line #:

# Notables (Fillable)

Ref: Page #: Line #:

Ref: Page #: Line #:

Ref: Page #: Line #:

Ref: Page #: Line #:

# Notables (Fillable)

Ref: Page #: Line #:

Ref: Page #: Line #:

Ref: Page #: Line #:

Ref: Page #: Line #:

# Index (Fillable)

Keyword, page#:ID#:line#

A

E

I

B

F

J

C

G

K

D

H

L

# Index (Fillable)

Keyword, page#:ID#:line#

M

N

O

P

Q

R

S

T

U

V

W

X

Y

Z

Made in United States
Orlando, FL
04 November 2026

90204443R00064